Doris 漫漫

著

手账新手入门指南

用手账定格时光

清华大学出版社
北京

内容简介

本书以插图搭配文字的方式贯穿全文，用更简洁直接的方式介绍了与手账有关的内容，整体风格清新干净，内容由浅入深。

本书从手账的基础准备入手，介绍了除胶带和贴纸以外的更多生活中的优质手账素材以及它们的使用技巧；针对不同主题手账提供了可行的排版方案，对于手账新手最关心的寻找手账风格定位和排版灵感等问题，本书也提供了很多新思路以供参考。本书既能让新手快速入门，也能让遇到瓶颈的手账爱好者早日完成进阶之路。

图书在版编目（CIP）数据

手账新手入门指南：用手账定格时光/Doris漫漫著.—北京：清华大学出版社，2021.1
ISBN 978-7-302-56231-3

Ⅰ.①手… Ⅱ.① D… Ⅲ.①本册 ②绘画技法 Ⅳ.①TS951.5 ②J21

中国版本图书馆CIP数据核字（2020）第151512号

责任编辑：李俊颖
封面设计：刘　超
版式设计：文森时代
责任校对：马军令
责任印制：宋　林

出版发行：清华大学出版社
　　　网　　　址：http://www.tup.com.cn，http://www.wqbook.com
　　　地　　　址：北京清华大学学研大厦A座　　　邮　　编：100084
　　　社 总 机：010-62770175　　　邮　　购：010-62786544
　　　投稿与读者服务：010-62776969，c-service@tup.tsinghua.edu.cn
　　　质量反馈：010-62772015，zhiliang@tup.tsinghua.edu.cn
印 装 者：北京博海升彩色印刷有限公司
经　　销：全国新华书店
开　　本：165mm×235mm　　印　　张：7.5　　字　　数：70千字
版　　次：2021年1月第1版　　印　　次：2021年1月第1次印刷
定　　价：49.80元

产品编号：086211-01

序 言

记手账，是与自己的一次长对话。

在进入正题之前，不妨先和我们头脑中负责记忆的神经元进行一次赛跑，看看你是否还记得：

▶ 昨天的午饭花费了多少钱？

▶ 上一周是否很好地控制了自己的情绪？

▶ 过去的一个月发生过什么有趣的事？

▶ 近半年实现了哪些小目标？

▶ 今年一共读了几本书？有哪些感悟？

这些问题你是否能全部回答上来？在面对个别问题时，你是否也会有一些恍惚？

节日一个接一个过去，日历上的年份数字也在偷偷叠加，我们似乎一直在奔跑，像个机器一样向前冲，我们无暇对自己的生活定期"复盘"，更忘了去留意身边的风景。猛然回头，我们才发现不止错过了身边的小美好，还在拼搏的路上做了很多无用功，甚至早已偏离了初衷。

我不知道这是否是当下很多人的生活现状，但对于几年前的我而言，却是最真实的生活写照。不敢有一丝懈怠的机械式生活给我带来了很多无形的压力，有时还会感到情绪低落。应该说，这种生活完全违背了我"奔跑"的初衷。

就是在那时，我通过网络接触到了手账，开始了这场与自己心灵的长对话。

Doris 漫漫

手账三连问

这里总结了小漫经常被问到的一些问题，看看有没有你关心的。

1. 我是学生党，没有钱买素材怎么办？

看完这本书你就会有答案了。生活中处处都是素材。

一本好的、适合自己的手账并不是用钱砸出来的。

低预算有低预算的玩儿法，高预算有高预算的玩儿法。

2. 好不容易做了一个好看的手账排版，舍不得写字或者没内容可写怎么办？

我们可以先问问自己做手账的目的是什么，如果是为了提升排版和手绘能力，那么写字也是可以的。如果是为了提升效率，用文字记录生活，那就在记录的过程中好好练字吧，不要为了一个美观的排版而忘记了做手账的初衷。

手账内容也是可以有很大弹性的，如果不能保证每天都有内容，那么可以换成自填日期的本子，不要把爱好变成压力。平时也可以做做日程规划、摘抄和学习记录。

3. 为什么别人做的手账都很好看，我却做不出来呢？

审美能力、技巧和实践，这三者缺一不可。

跟着书中的小经验去做练习，多实践，做出美貌的手账并不难。

偷偷说一句，除了各章节中提供的拼贴灵感外，整本书的内页排版也可被视为简易的拼贴案例。当然，这些案例仅供参考，要想掌握手账使用的精髓，轻松地应对各种排版，大家还是要从正文中找知识点。

目　录

第1章
手账，是如何让时间"慢"下来的

Be a Journaler

1.1 手账可以记录下生活的酸甜苦辣

近些年，人们的生活压力越来越大，对于生活品质也有了更高追求。在繁忙的学习和工作之余，点上香薰，泡一杯茶，记录下当天发生的事，或是为自己的下半年制定一个阶段性小目标，成为难得的闲暇时光。

手账就这样走进了更多人的视野，帮助繁忙的都市人留下时间的印记。

在日本，"手账"是一种非常流行的提效工具。

在日常记事方面，其使用方式类似于我们熟悉的日记本。作为一个功能性本子，手账更高效一些。在一个手账本中，我们往往可以看到排列有序的各类别内容，很多手账 er（泛指做手账的人，有的手账 er 也称自己为手账人）还会根据手账体系的不同选择更多样式的记录方式，以求能更有序和有针对性地记录自己的生活。

和很多人选择用 Vlog（视频博客）记录生活一样，纸质手账这种文字化的记录方式多了一点儿复古的味道，也更适合我一些。

手账本中存在的，更像是一个用小色块和美妙文字拼接出来的多姿多彩的童话世界。在那里，我可以暂时放下学业压力和升职障碍，做自己想做的事，写自己想写的话，不需要做个"赶路人"。可以说，在手账本中，我搭建出了心中的那个"乌托邦"。

在与手账的磨合中，我发觉自身对于美好生活的渴望变得更加浓烈。对于新的一天，我总是抱有期待，希望能够发现点滴小美好，化成文字装点我的日常手账。而对于偶尔发生的不愉快，我也会把它们记录在手账中，自省，并吸取经验。

与手账之间的相处，更像是在照一面镜子。而记录手账，也不只是为了留下那些值得开心的小故事，而是要经过这样一个书写记录的过程让自己"慢"下来，用心去体悟生活的悲喜面，学会更好地与生活和解。我渐渐发现，手账不只是记录和规划生活的媒介，它可以承载更多。

当我用更积极的态度面对生活时，感知能力似乎也变强了。刚刚发生的趣闻，对于生活的感悟，终于实现的小目标，我都想记录下来。这是多么有趣的良性循环，我可以真真切切地感知到自己是幸福的，翻开一页页手账，就可以体会到生活的烟火气。这些文字，正是我认真生活的印迹。

1.2 做手账需要做哪些准备

1.2.1 基础手账三元素：耐心、笔、本

想要"领养"一本手账，最重要的就是有耐心！手账作为感悟生活、提高生活效率及质量的一种媒介，包含着每个手账人的心血，在长期快节奏的生活中，他们选择用记录手账的方式来留住每一天发生的小细节，并将此视为认真生活的一种可视化体现。所以，在记录手账时一定要静下心来，认真"复盘"及规划生活，这样才能使手账发挥出最大的作用。

在材料方面，最基础的装备就是本子和笔！每一个阶段使用的手账本和笔的数量没有固定要求，依据不同的手账体系和手账人自己的书写喜好准备就好了。例如，小漫经常会用到签字笔、勾线笔和软头笔。签字笔用于日常的文字记录，勾线笔适合勾画一些精细的线条，软头笔则是写花体字的好工具。

记得不要在同一时段安排太多的手账体系。当每天需要耗费大量时间和精力记录各类别的手账时，原本很轻松的手账时间也可能反而会加重我们的心理压力。尤其是很多手账人经常会由于种种原因在后期补记手账，如果需要补充记录的本子太多，也很容易导致半途而废。

建议手账新手在初尝试时，准备不超过 3 套体系的手账。使用一段时间后，如果仍有额外的体系安排，而自己又有足够的时间和精力，再选择开新的手账。

对于更看重手账效率功能的手账人，准备一本 All in One（多合一）手账是最实用的选择！

All in One，顾名思义，就是将所有体系、所有想要记录的内容都压缩在一个本子中，这样可以大大减轻我们在手账上的时间和精力消耗，但这种方式也需要大家能更合理地安排文字内容，按照子弹日记（Bullet Journal）[①]来写就是不错的选择。

1.2.2　选择电子手账还是纸质手账

Print & e-Journal

首先，我们一起了解一下电子手账和纸质手账各自的主要优势。

电子手账的优势：

①　储存在电子设备或者云端，便于长期储存和搜索。

②　电子设备中的图片可以直接插入手账，无须打印。

③　有一部电子设备就可以随时记录，无须准备多体系工具。

④　软件内的字体可以直接使用，解决写字不好看而影响手账美观的问题。

---

① 子弹日记，作为一种以高效率为核心的手账记录方法，内容主体主要包含各式各样的小符号、主题分类及短句内容。目前，这种快速高效、简洁大方的记录方法已经风靡全世界。

纸质手账的优势：

① 享受书写和翻阅纸张的乐趣。

② 可以更自由地拼贴、排版，解决电子手账相对僵化的排版问题。

③ 在生活中可以随时搜寻美好小物，拿来拼贴排版，制作独一无二的手账。

④ 完成的纸质手账本可以用来收藏或当作装饰品。

基于以上对比，大家就可以依据个人情况进行选择了。例如，小漫选择以纸质手账为主，出门在外时利用手机备忘录或电子手账临时记录，闲暇时再把内容统一整理到纸质手账中，这样可以更好地发挥两个手账媒介各自的优势。

1.2.3 如何选到适合自己的手账本

相信接触过手账的朋友都知道，市面上的手账本样式非常多，价格跨越的区间也很大。接下来就和大家分享一些目前比较流行的手账本类别和选择本子的技巧。

当下比较流行的手账本尺寸是 A5、B5、A6、B6 和 TN 本（Traveler's Notebook，旅行记事本）。小漫会推荐 A5 本给有较大面积写字需求的手账人，它的尺寸是 A4 纸的一半，发挥空间刚刚好。B5 本的尺寸在 A4 和 A5 之间，相对大

一些。A6、B6 本和 TN 本都比较小巧，有尺寸上的差异，但都适合随身携带。大家如果是在网上选本，可以多留意商品下方的尺寸信息对比图，不需要特意去记具体的尺寸数字。

总体来说，大部分市面上的手账本都是可以随身携带，放进背包的（小漫就经常把 A5 本塞进背包），所以大家根据平时记录手账的习惯选择本子就可以了，适合自己的才是最好的。在装订方面，主要有定页本和活页本两种样式可选。定页本的优势是适合做跨页效果，而活页本则可以随时替换不满意的内页，更适合手账新手。

手账本的内页样式多种多样，主要分为基础样式和内置样式。基础样式主要为空白页、横线页、点阵页和方格页。

空白页是最考验排版能力的一种内页样式了，无辅助线，可发挥空间大，适合手绘能力和拼贴能力强的手账人。

　　横线页是大家最熟悉的一种内页，但在手账领域中它确实具有局限性。横线页的优势是其横线约束了写字的位置，可以使正文内页更加美观。但其缺点也在于有横线，这些线条可能会限制内页的设计。

　　即使尝试忽略横线做排版，其线条也可能会影响到排版效果。综上所述，横线页相对来说比较适合喜欢简单装饰、注重功能性的手账人，如用横线页做文字量比较大的文学摘抄也是不错的选择。想人手横线本的朋友可以在选择时多留意线条的颜色和位置，现在市面上有很多浅色细线条的本子，会更美观一些。

　　点阵页和方格页都是非常适合做拼贴排版的本子，因为点阵页和方格页都具有自带的辅助线效果，可以很好地规划素材的拼贴位置。即使是手账新手，也可以毫不畏惧地选择这两类手账本！

　　而内置样式的手账本则更为规整，具有较为明确的主题性，可以大大节省规划内页的时间，直接填充文字内容即可。常见的主题手账本有一日一页、周计划本、月计划本、梦想清单等。

　　选择新的手账本应该是令很多手账人感到最兴奋的事情之一了，因为完结一本手账本代表着阶段的胜利，能够带来满满的成就感，而开始一个新的本子又代表着一个全新征程的开始。

　　选择一个适合自己的手账本，不仅可以更好地规划生活，还能够增加记手账的欲望，让"坚持"二字变得更加容易。所以小漫也想要提醒手账新手，选本子时一定要多考虑自己的书写习惯和个人喜好，不要跟风。

　　以我本人为例，并不是每天都有那么多内容要写，但每个月又总会有几件事能让我打开话匣子，写到停不下来。因此，我很清楚一日一页的内页设置并不太适合我的书写习惯，反而会增加我补手账时的压力。了解到自己的书写习惯后，我就一直在使用通用格式的内页，以点阵页和方格页为主。这样的本子既能做日程安排，又有充足的空间供书写，一切都由自己决定。

1.3　这些手账小物可以提升幸福感

　　如果是手绘能力比较强或者不喜欢装饰效果的手账 er，只需要准备基本材料就好了，而像小漫这样喜欢在本子内拼拼贴贴的手账 er，就需要再准备一点儿适合做拼贴的装饰性素材和工具。

　　1. 胶带

　　在胶带选择方面，建议手账新人以基础款胶带为优先备选，这样可以大大降低"踩雷"概率，等到积累了一定的排版经验，形成了个人手账风格后，再选择适合自己的个性化胶带。

常见的基础款胶带有纯色的、格纹的、线条的等。

这种基础图案的胶带可以用于盐系^①、复古、萌系等大部分排版风格。

2. 贴纸

贴纸和胶带作为手账人最
爱的两大素材，都具有样式多
且好操作的优势。现在市面上
有很多主题式贴纸包也都很适
合做拼贴，而且这种主题式贴
纸包往往包含了某一风格的多
种元素。小漫认为多观察这种
贴纸包，也有助于我们对某一
种手账风格的了解。

① 最近几年很流行的一种手账风格，饱和度大多偏低，会大面积使用到基础款素材；风格
简约清新，但是往往会在简洁设计的基础上搭配一些小巧思，给人清爽、耐看的感觉。

3. 便利贴和便签

便利贴和便签也经常被用在手账拼贴领域，通过剪贴，它们可以成为超实用的背景素材！

4. 印章

小漫经常用的是透明印章和木质印章。

外出做手账时，小漫建议大家携带透明印章。因为透明印章自身体积小，配合亚克力板使用，可以有效地节省行李空间。

木质印章则更有复古味道，用起来也更加顺手。但是由于其自身体积较大，所以建议在家里使用。

顺便提一句，木质印章的颜值很高，复古感也比较强，很适合用来作拍照道具。

记得搭配几款基础色印泥，常用色包括黑色、灰色、栗棕、橄榄绿等。

5. 点点胶、液体胶、固体胶棒等

点点胶：价格最高，操作便捷，粘贴后会在页面内留下浅蓝色、半透明的点状胶印，干净整洁，可剥离，不穿透页面，适合小面积使用。

双面胶：追求性价比的朋友可以用双面胶替代点点胶，效果相似，缺点是可能会黏手。这两种胶的共性是比较好操作，不易破坏其他素材和页面，是小漫做手账的必备工具。

固体胶棒／透明液体胶／白胶：根据性价比的原则，当需要大面积粘贴素材时，小漫会选择这三种胶。在使用它们时，一定要控制好胶的用量，不然很容易透到下一个页面。

不过，这三种胶非常适合做垃圾手账（Junk Journal）[1]，在大面积拼贴素材时，可以令素材更服帖，也更容易做出褶皱、堆叠这样常见的复古效果！

6. 日历纸

日历纸是手账领域内的常用素材，在日常打卡页面总能看到它们。有些是纯数字贴纸，可以用作日历贴纸，也可以作为日常数字使用。也有些日历纸是自带背景的，像右图这样，做拼贴时注意一下和其他素材的搭配与融合。

① 垃圾手账是在国外非常流行的一种手账形式，是指用生活中的垃圾做成的本子。一本垃圾手账的封面往往是由快递盒或者硬纸板做的，宣传单、明信片、蕾丝纸、贺卡、桌布、背景素材纸、杂志等生活中随处可见的小物件都是垃圾手账的优质素材。

017

7. 剪刀、笔刀、裁纸器

笔刀是常用的手工工具，其形状酷似笔，在笔头部分有小刀片，常用于切割素材。裁纸器也是常用的手工工具，切割范围大，适合切割形状规整的素材。

8. 素材纸

现在，市面上有很多素材纸本在售，其大小和我们熟悉的手工折纸套装类似，方方正正的，纸质很好，图案样式也很多。在手账领域，它们既可以做手账小机关，又可以做背景打底。小漫就经常用它们做拼贴打底，真的很实用。

1.4 爆本到底好不好

　　"爆本"是在手账领域内经常被提到的一个词语，指素材比较多，比较厚，或是手绘页面过于复杂的手账。爆本很容易出现难以合上、像爆开一样的情况，它是由一系列使用痕迹引起的，属于非常正常的现象。

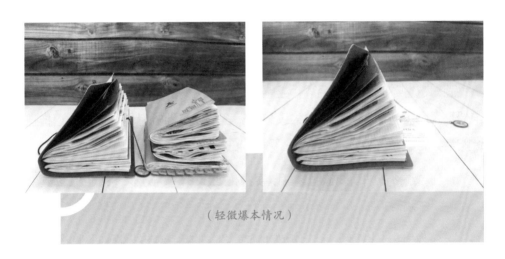

（轻微爆本情况）

　　相信很多人了"手账坑"的伙伴都会面对爆本问题，有些"颜控"小伙伴认为爆本影响美观，其他手账 er 则表示本子越厚越喜欢，越有成就感。所以"新入坑"的伙伴也可以根据自己对于爆本的接受度去选择用哪款胶和哪些材质的素材。

　　其实，类似这样的"手账词语"还有很多。例如，胶带的"分装""循环"，拼贴风格中的"盐系""复古"。随着手账的普及，这类名词越来越多，手账 er 一直在不断寻找更多有趣、丰富的手账素材和拼贴实践。

面对这些不断更新的名词，手账新人们也不需要担心，只要在日常实践中慢慢了解就可以了，下面给大家分享一些比较基础的常用检索词，这样在选购素材时也能更加精准，减少"踩坑"的概率。

▸▸ 对素材特性有要求时，可以搜索和纸、PET、防水、硫酸纸、透明、木质等。

▸▸ 明确手账风格后，可以搜索对应关键词盐系、复古、简约、清新等。

▸▸ 如果不想买整卷胶带，可以搜索分装、循环等。

第 2 章
手账素材，从生活中来

I don't wanna Buy

Love is a pool of struggling blue-green algae

（2.1） 灵感，源自对生活的热爱

经常听到一些手账新手抱怨："刚'入坑'时头脑一热买了很多胶带、贴纸，太烧钱了，之后却发现很多都用不到，只能压箱底。"

的确，随着手账的普及，市面上的手账素材也日益丰富起来。面对庞大的素材库，很多手账人会无所适从，不知道哪个素材适合自己，该入手哪种素材。小漫也想在这一章节推荐一些日常收集素材的小思路给手账新手和一些有固定预算的朋友。除了成品素材外，我们还有很多有趣的生活素材可选。

我的素材收集灵感源自一档儿童节目。儿时，很喜欢看一档叫"艺术创想"的节目，里面的尼尔叔叔总是可以用白乳胶和旧报纸创作出神奇的东西，让我印象深刻。

　　长大些，慢慢接触到垃圾手账，也偶尔会寻找生活中有趣的小物件和小"垃圾"，为自己的手账添色。但这种尝试并不频繁，因为这种小"垃圾"作为原材料往往需要额外花费一些时间去做处理，所以我总是会偷懒去购买成品素材。

　　这一切的改变要从我做手账的第三年说起，那一年我成了留学生中的一员。在另一个国家生活，一切都是全新的，包括当地手工市场的环境。在英国，手工素材及成品的价格都被抬高了好几倍，网购素材的选择性也小了很多，还经常出现货不对板的情况，这些似乎都成了我做手账拼贴的障碍。

　　几次选购素材的失败经历过后，我开始尝试用从另一种角度去看待我的手账。既然很难改变客观条件，那不如就地取材，做一本更纯粹且有纪念意义的手账。试想一下，如果连拼贴中的素材自身都带有生活的烟火气，那该是多难得又多有趣呀！

看到图中的名片了吗？它就是我的收集对象。

基于这样的想法，餐巾纸、包装纸、树叶、明信片、宣传海报等生活中唾手可得的东西都被我随手收集回来做了手账，我对它们的运用也变得更加频繁。尝试了十多次排版后，我发现，即使它们中的一些素材需要做预处理，但有了一定的操作经验后，做前期设计和处理并不会消耗我很长时间，在很多情况下，它们所拥有的特殊材质属性使它们比成品素材更容易做拼搭。

有些小物件具有特殊的纪念意义，也有些素材拥有我无法抗拒的颜值，在一些拼贴技巧的辅助下，它们全都成为排版的一部分。慢慢地，我发觉我的手账素材和内容都变得更丰富和个性化了，个人风格也就这样在一朝一夕中形成了。

2.2.1   一本杂志就可以完成整本拼贴

很多手账人在记录手账时，都喜欢在文字旁配相关图片。但是手绘配图需要一定的手绘能力，随时整理打印自己拍的图片又比较麻烦，在这种情况下，准备一两本过季杂志就是不错的选择啦！无论是美食领域的杂志，还是生活类杂志，里面都会有很多制作精美的配图。结合当天的经历，选择匹配度高的美食及其他生活类图片做拼贴搭配，好操作，还能轻松打造个性化的手账拼贴！在手账领域，我们对于杂志的时效性要求不高，所以依据性价比原则，大家可以考虑直接淘过季杂志，物美价廉！

除了生活类配图外，杂志上的明星配图也是不错的排版素材，尤其对于做追星手账的手账人来说，杂志上的素材清晰度高，纸质好，绝对是不可多得的素材。

接下来分享一个杂志人物素材的简单拼贴案例给大家。

第一步　观察

观察：左图是一个异形的人物素材图。

灵感：可以为其添加一个常规背景。

发现：人物主体面积为驼色。

灵感：寻找相同或邻近色系背景。

第二步　实践

发现：原有背景纸较大，人物置于其中会失去呼吸感。

灵感：把大的背景纸拆分成小块，在适当位置留白。空白处可写日常文字，便签内可写重点文字或标题。

第三步　细化

发现：人物素材是街拍风格。

灵感：补充同风格相机贴纸作为呼应。

　　利用杂志素材的多样性，我们还可以得到更多有趣的拼贴。所以下一步，就是选择适合自己的素材和杂志。

2.2.2　杂志那么厚，哪个素材更适合

　　综合上面提到的内容，小漫总结出了以下几类常用的杂志素材，给大家提供一些裁剪杂志内页的灵感。

1. 标题式文字

　　封面标题，内页小标题，品牌名称，这些都是很好用的标题式文字图片，就像上图中的杂志标题文字"VOGUE"，在手账拼贴中就能作为文字兼背景使用，欧美味道一下就出来了。

2. 不规则形状 / 异形人物图

如第 27 页案例中的人物素材。

3. 特色单品

杂志中出现的时尚单品、生活用品、美食图都是很好的素材。

4. 趣味手势、动作图

一些有趣的手势动作图片是可以置入自己版式中的，就像图中这样。

5. 背景矩形框

杂志中往往会有很多满铺背景的内页，这时截取一些形状规则的图片作背景素材也是很好的选择，矩形、三角形都是常用形状。

6. 背景图

在图案方面，小漫经常会截取纯色背景图和一些植物、星空主题的背景图，这样会更加容易搭配。

2.2.3　如何选择适合自己的杂志

市面上的纸质杂志风格和款式都很多，想要物尽其用，就要选最贴合自己手账风格的杂志。因此，我们需要对一些热门杂志的特色有所了解，这里就分享一些经验给大家，按照下面的方式或者参考这个方向去选择适合自己的杂志就不太容易出错了。

想偷懒的朋友还可以直接去网络上搜索他人已经整理好的杂志人物素材，然后选择自己想要的材质去打印，当然这样会失去一些自己捕捉灵感和创意的乐趣。

日韩小惬意风格的杂志有《昕薇》和《米娜》，欧美风格的杂志有《Vogue》和《芭莎》，杂志在于精而不在于多，过季杂志也好用。

2.2.4 留下宣传册和名片，那是神仙素材

偶尔我们能碰到非常个性化、适合做手账的宣传单，遇到时一定不要错过了。剪一剪，贴一贴，一个独一无二的手账拼贴就成型了。下面照旧举个例子给大家。

第一步：准备一张有趣的宣传单。

第二步：将有趣的元素分解出来。

第三步：利用这些元素的风格和特点构成新场景。

除了以上把元素剪下来重新拼贴排版的方法外，一些整体纸质和颜值都"在线"的宣传单，也可以直接将其打孔做分隔页，例如右面这张迪奥品牌展览的宣传单。

2.2.5　这两种票据都可以做拼贴

对于纸质比较厚的票据，用胶带辅助其成为加页是小漫最喜欢的使用方式，这种排版方式既快捷，又美观，最大的优势就是不会因为新票据的加入而破坏已有的拼贴风格及效果。

Receipt & Bill

例如，左侧这个拼贴就是将一张票据和一张时尚博物馆的宣传单连在了一起，做成了辅助加页的形式，并不会影响到正常内页的设计。

对于软质票据，我们也可以把它们叠好，贴在相应的文字旁。如果担心它们破坏当前排版，也可以将它们插进当前页的某个素材下（在此素材下预留位置），或是制作手账小机关来存放票据。在后面的内容中，小漫会分享最简单、易操作的小机关做法。

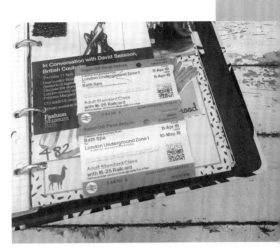

而对于购物小票这种热敏票据，小漫不太建议大家将它们长期保存，下面我们来谈谈原因。

2.2.6　那些脆弱的素材要如何保存

我们贴在手账本里面的票据，往往代表的是想要认真保存的那份记忆。但是，由于票据印刷方式及材质的不同，有些票据上面的印迹会随着时间的流逝变淡，甚至完全消失。

那么问题来了，我们怎样才能保存好这些珍贵的票据呢?

像购物小票这样的票据大多用的是热敏纸，保存时间比较短，易褪色。有些人尝试过用胶带覆盖小票，但结果事与愿违，小票褪色得更快！相对来讲，避光、干燥的条件更适合这类热敏票据的保存。然而，延长保存时间并非意味着永不褪色。

购物小票（扫描再打印版本）

Copy & Scan

而且，在日常生活中，我们并非轻易就能够判断某一张票据的印刷工艺以及它是否会褪色，所以制作副本是目前最保险的选择。现在大家普遍使用的方法就是对小票进行复印或扫描再打印，再将它们像上图的购物小票副本一样，与其他素材搭配完成整体的拼贴。

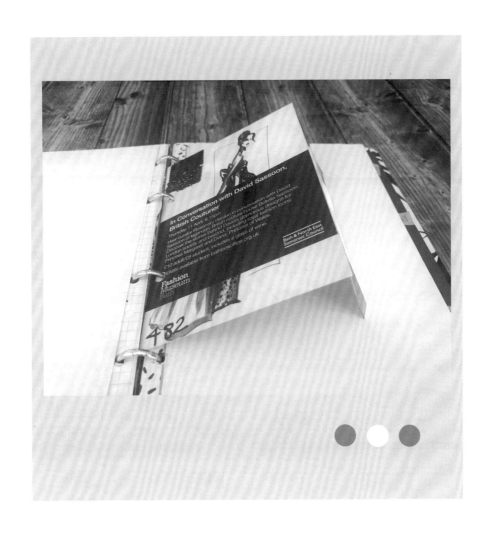

2.3 面对棘手的素材，这里有小技巧

　　除了上面介绍的那些简单易操作的小素材外，生活中还有一些我们希望能好好加以利用，但是却总会给我们的拼贴过程带来一些小麻烦的小物件。下面我们就来聊聊如何与这些小素材更好地"相处"。

2.3.1 趣味包装纸，打开拼贴新视界

我们经常会碰到一些有挑战性的包装纸素材，而对它们的成功改造也能让我们得到双倍的成就感！前文已经提到了有关爆本的问题，所以不介意爆本的朋友也可以借助各种材质、厚度、触感的包装纸尽情叠加发挥啦！

右面的这款口袋小机关的原身是迪士尼一款盲袋的包装纸，经过剪贴后，它变成了一个机关小口袋，上面做了不封口设计，可以存储卡片。

上图是一个马卡龙品牌的包装纸袋和纸巾，对包装袋做好清洁后，也是可以用来排版的。小漫的拼贴中取用了蓝色半透明的单层纸袋，叠在黄色的纸巾上。这样它自身的颜色就会弱化，还可以保护纸巾。这种素材还很适合

用在垃圾手账中，非常有"腔调"。

为了避免一些小伙伴"踩雷"，选到不适合自己的素材，破坏已完成的排版页面，小漫也整理了几条小经验给大家参考，尽量避开以下类别的素材。若是用到了这些包装纸，就要记得小心处理和保存。

▶ 直接接触食品的包装纸

　　原因：如果清洁不干净，很容易弄脏其他页面。

▶ 褶皱效果过强的包装纸

　　原因：薄素材或是轻微褶皱的素材很适合做褶皱拼贴，但自身褶皱感太强的话不易进行后续拼贴。

▶ 太厚的包装纸

　　原因：严重爆本，甚至会直接破坏整个本子的装订。

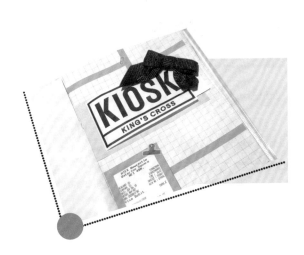

这款蝴蝶结包装袋已经是小漫尝试过比较厚的包装素材（从包装袋上拆下来的蝴蝶结宽丝带）了，有一定的厚度，但不会影响本子的装订。大家可以根据上图做一下拼贴。

2.3.2　牛皮纸在手，复古排版随时有

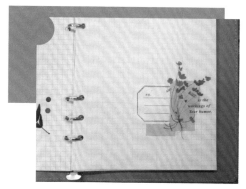

在快餐厅和精品店，我们还经常可以收集到牛皮纸袋，例如，小漫就经常留下麦当劳的外卖纸袋做复古拼贴。

实践表明，牛皮纸袋的确是很优秀的手账素材。小面积牛皮纸可以撕成小纸条，做拼贴的小点缀，提升复古感，而平铺面积较大的牛皮纸还非常适合做背景打底，复古味道十足！

2.3.3　旧报纸别扔，搭配素材纸超美

报纸也是自带浓浓复古属性的素材，使用方式可以参考牛皮纸的用法，有兴趣的朋友还可以挑战英文或繁体字报纸。此外，还可以将报纸浸在茶水中上色，风干后就能得到古旧味道更浓的复古素材了！

2.3.4　一张硫酸纸，拥有六个小创意

相信很多热爱手工的朋友都对硫酸纸很熟悉，它们同样也是很好的手账工具。无论是空白还是印花硫酸纸，都能带给我们的手账不一样的触感和观感。小漫总结了6个与硫酸纸有关的手账小创意，快把硫酸纸和小板凳准备好，一起学起来！

1. 印章与硫酸纸的故事

小漫很喜欢用印章在硫酸纸上印图案，这样做出来的素材和购置的简单印花硫酸纸几乎是一样的效果，是个省钱的小方法。

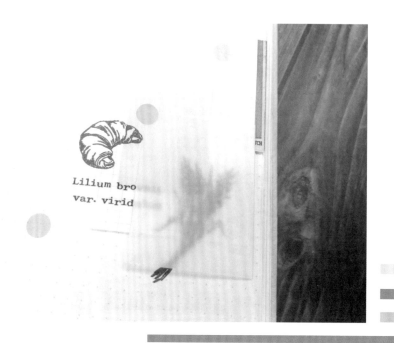

Lilium bro
var. virid

2. 在硫酸纸上写写画画

没有印章或是手绘能力强的手账人也可以在硫酸纸上写字或涂鸦，初期可以从最简单的图案和标题文字开始做尝试。家里有打印机或方便随时打印的朋友，也可以直接用硫酸纸去打印一些喜欢的素材。网络上很多手账博主都会分享自己整理好的适合硫酸纸打印的素材，有这方面需求的手账 er 也可以多留意一下。

3. 挑战图案和文字的拷贝

因为硫酸纸和拷贝纸半透明的特质，小漫也用它们拷贝过媒体设备和书本上的图案。如果想要通过网络搜寻更多素材，要记得在拷贝时锁定手机或平板电脑的屏幕。

4. 利用硫酸纸去弱化其他素材的饱和度

很多饱和度高的手账素材是不容易和其他素材做搭配的，这时在素材上盖一层硫酸纸就能很好地弱化它的饱和度，从而变成好搭配的素材，上图就是这样的一个对比案例。

5. 利用硫酸纸做加页

硫酸纸的纸质比较硬，很适合做叠加效果。其中一种常见的叠加方式是像上面这张图那样做成加页，可以出现朦胧的层次感。加页位置还可以加装饰内容。

另一种方式是直接将硫酸纸覆盖在图案上面，这样还可以对一些脆弱的图案起到保护效果。尤其是面巾纸、干花这样的素材，在没有冷裱膜的情况下，硫酸纸也能起到一些保护效果。

6. 硫酸纸化身小口袋

前面提到了硫酸纸的纸质比较好，比较硬，所以做成插卡式或是不封口的小口袋也是很好的尝试，同样可以作为脆弱素材的"保护伞"。

不封口小口袋参见左图。

而插卡式设计就可以像下面的示例图这样将硫酸纸中间裁掉一个矩形，将需要保存的卡片插进去即可。

2.3.5　日常餐巾纸，搭配手账也好用

　　餐巾纸应该说是最常见的一种日用品了，也是小漫个人非常喜欢收集的手工素材。

　　1. 全印花餐巾纸——做分隔页 / 封面

　　餐巾纸的平铺规格往往比我们的本子要大，因此很适合直接做分隔页或做全景打底。

Cover Page

　　一个好的分隔页可以帮我们强化整本手账的风格，例如这款在达西庄园入手的宫廷复古印花餐巾纸，满满一张纸贴上去，再手写几个字母，操作简单，但复古风格已经凸显出来。

2. Logo 印花餐巾纸——作点缀

一般情况下，这种带 Logo 的印花纸都是从一些品牌或者店铺收集回来的，因此往往与我们的活动轨迹有关，即与我们日常书写的文字内容有关。

上面案例中的 Logo 印花拼贴就做了这样的结合，直接将图案撕下来，配合当天的文字或图片内容进行装饰。这张印花餐巾纸来自一家主打牛排的西餐厅，这家餐厅的 Logo 自身颜值就比较高，所以大家在进行拼贴构思时，并不一定要对这样的素材做叠加拼贴等二次创作。

本次拼贴将杂志上面的牛排图片和餐巾纸上的 Logo 结合在了一起，既将印花图案融进了手账内容中，打造出了印章印渍的效果，又成功匹配了当天的文字内容，使这段记忆变得更加立体。

3. 无印花纸巾——叠加创意

我们日常用的无印花纸巾也可以有妙用。接下来的这款拼贴就利用了最普通的无印花纸巾，借助一些绘画工具，就可以化身为美美的封面或拼贴装饰了。

在本上贴上一层薄薄的纸巾，然后用水彩颜料上色，再铺纸巾，再上色，几次叠加后，这种梦幻色彩就实现了。

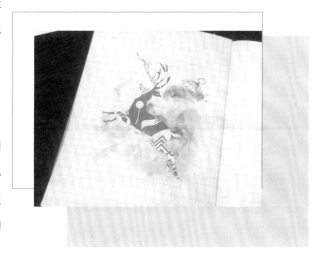

在色彩上方，叠加上森系图案（图中的小鹿是我用素材纸剪出来的），就可以实现这样的效果。

　　取一张普通纸巾，用印章在上面印满图案，有需求时拿出来直接撕着用，也是很有趣的实践。以上的效果图和拼贴图就是用这种自制素材做出来的。不要忘记适当留白，给页面保留呼吸感。做盐系手账时也可以运用这个小套路，选择清新一些的印章就好了。

2.3.6　巧用餐巾纸做各式拼贴

　　作为一个五年手账实践者，小漫发现即使一款餐巾纸（印花餐巾纸）的风格是固定的，不同的拼贴技巧也能轻松地令同一张餐巾纸呈现出不一样的效果。

　　就像前面提到的，如果喜欢简洁大方的效果，建议使用点点胶、双面胶等工具贴纸巾，这样做出来的拼贴会更干净整洁。如果是偏爱浓浓复古风格的小伙伴，也可以选择用白乳胶或透明液体胶来做拼贴，其效果往往更复古。餐巾纸自身质地比较薄，所以白乳胶和液体胶很容易透过餐巾纸，在胶干掉之前，多叠加上几层素材是没问题的。

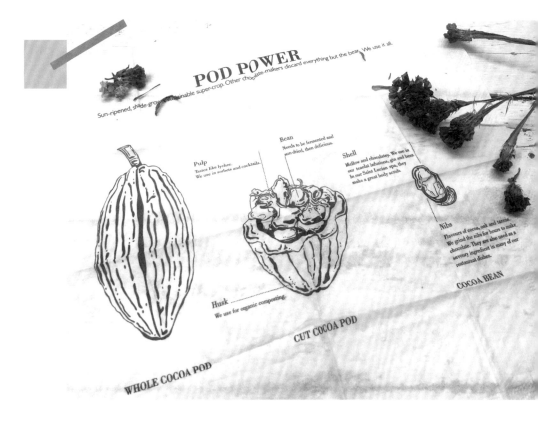

2.3.7 轻薄餐巾纸，妥善保存最重要

按照小漫的经验，只要不会经常被蹭到，餐巾纸就可以完好地保存在本子中。当然，在餐巾纸表面覆盖一层保护膜会实现更好的保存效果，硫酸纸和离型纸都是小漫常用的保护型素材。在特定情境下，它们还可以使整个拼贴实现若隐若现的朦胧效果！

2.3.8 印花餐巾纸，哪里才能找得到

① 买买买关键词：　🔍　印花餐巾纸。

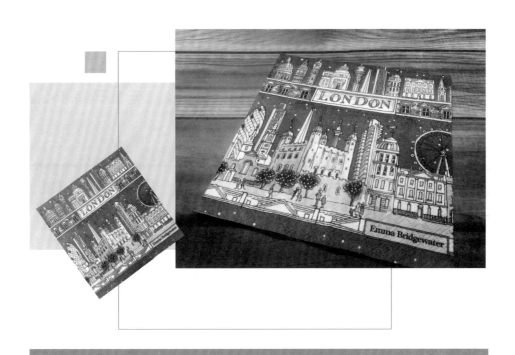

② 有趣的小店最适合收集有趣的印花纸巾，例如，文创精品店、咖啡厅、餐厅、奶茶店等。

不知道以上这些对生活素材的运用技巧是否给你们提供了新思路呢？

生活中有趣的素材还有很多，需要大家在真实生活中用心发现，但有一个基本原则是可以遵循的，即生活中处处都是素材。

第 3 章
划分手账体系，抒写不同的心情

Journal System

前文提到了手账是可以根据个人需要被分为不同体系的，例如日常效率体系、学习管理体系和生活感悟体系等，在各个大的体系内又可以安排不同的内容，就像我们常见的读书手账和美食手账。按照不同体系记录手账可以使手账内容更有针对性和条理性，这一章小漫就和大家分享几类当下最常见的手账内容。

3.1 读书手账

在这个全民阅读的时代，读书手账是很多手账人都会用到的。当我们的大脑无法承载过多阅读记忆时，一本好的读书手账，可以有效提升阅读的效果，厘清思路，使我们的收益最大化。

小贴士：

① 制作临时笔记，完整阅读一本书后再做阅读手账，更有利于提炼精彩语段和厘清阅读收获。小漫的经验是边阅读边摘抄很可能加重负担和压力，而且这样的摘录过程很可能让整篇手账内容过多，失去重点。相反，对整本书的内容和读后感进行统一整理则可以优化重点内容和收获。在阅读时，我们可以随时用指示贴或拍照的方式记录下精华内容，做临时笔记，为后期总结读书手账的内容提供帮助。

② 读后感是一篇读书手账最重要的部分，是大家有所收获的直接体现。因此，小漫建议把记录重心放在读后感部分。

读书手账往往包含：内容简介、精彩语段、读后感、本书的基本出版信息（书名、作者、出版社）、阅读日期。

相关排版小素材：书籍线圈、轴卷、书籍内页。

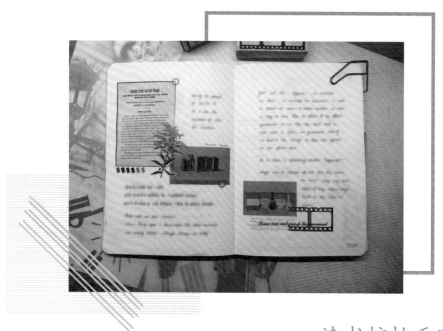

读书摘抄手账

前文的阅读是否让你收获到了一些灵感呢？从现在开始做临时笔记也不晚。在进行后续的手账拼贴时，可以根据书籍的类型、特色以及带给自己的感受，做不同色系和风格的拼贴排版，有条件的小伙伴也可以将书籍封面打印出来配合做拼贴，这样主题会更加直观。

3.2 观影手账

电影，可以让我们更快地走进另一段故事，经历另一个人的人生，因此也是很多人在闲暇时间会选择的消遣方式。而在手账领域里，和读书手账类似，观影（剧）手账也记录着手账 er 感悟生活的过程。

观影手账往往包含内容简介、精彩对白、观后感、电影出品信息（片名、导演、主演、观影日期）。

相关排版小素材：电影卷轴、可乐、爆米花、3D 眼镜。

Movie Poster & Tickets

同样，在观影手账的排版过程中，大家也可以将演员剧照、电影海报和观影票根留下来，配合影片特色进行拼贴。例如，这张《少年的你》海报，用 Photoshop 软件进行简单的效果叠加后就能更贴合手账风格，可打印出来直接使用。

在素材打印方面，除了普通打印机外，小漫也推荐拍立得或这种适合随身携带的迷你便携式打印机，只要备好相纸，就可以随时打印照片素材，非常方便。

现在，这种迷你拍照和打印的设备有很多样式和尺寸可选，有些还可以叠加预设的滤镜和边框效果。所以即使修图技术不好的小伙伴也不用太过担心，可以借助设备内置的叠加效果打印出适合自己拼贴风格的照片素材。

手绘能力强的手账人可以根据电影风格，为自己的手账绘制个性化配图，那一定非常有趣！

在这页观影手账中，我主要是对影片的基本信息进行了梳理，所以并没有加太多装饰，只是找了一张和影片有紧密联系的"自行车"贴纸，这种主题式拼贴只要保证素材的色调和影片风格相一致就可以了。

Movie Poster & Tickets

3.3　理财手账

作为"手工坑"的常驻会员，小漫以前一看到有趣的手工材料，就会忍不住买买买。长此以往，不止钱包瘪了下去，很多手工材料和成品买到家里也只落得了吃土接灰的下场，甚至有些商品都没摆出来过。

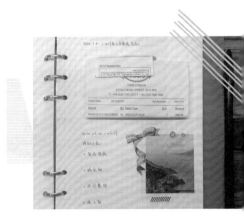

理财手账往往包含固定时间范围内的收入、支出分配计划（主要是不必要的支出比例）、欲购清单、支出（商品、价格、合计）。

相关排版小素材：钱袋、方格子。

为了改变自己冲动消费的行为，小漫开了一本专门用来理财的本子，并且随身携带。一段时间过去，冲动消费的次数真的肉眼可见地减少了！

小漫也终于形成了理性和感性相对较为平衡的消费观，更发现了购物选品的乐趣。这也是我强烈推荐各位手账 er 准备理财手账或下载记账类应用程序的原因。好的记账经历可以使我们更加自律，远离跟风冲动性的消费。因为本子上记录的数字可以随时提醒自己：这笔消费是否是必要的？这个商品是否真的是我想要的？买到它我是否会开心？

3.4 影响者 / 追星手账

如果有机会，你想不想把偶像的照片，以及与他们有关的资讯都珍藏起来呢？那就准备一本追星手账吧，和众多志同道合的小伙伴一起记录下自己的漫漫追星路，去记录和偶像一同成长的美好过程。

　　在追星手账的内页中，我们不仅可以书写明星的基本信息、代表作，做一些写真、海报的拼贴，还可以记录下他们的哪些优点打动了我们，以及要如何成为像他们那样优秀的人。

　　这类手账往往包含：影响者／明星的基本信息、写真、海报、代表作、近期行程安排、他值得自己学习的地方，自己前进的脚印，等等。

　　关联手绘排版小素材：星星

　　很多时候，榜样的力量就是这么强大。作为小粉丝，我们都希望像他们一样优秀，而他们的存在也让很多人拥有了更为明确的拼搏方向。

Idol soul

　　小漫是个不怎么追星的人，但不可否认的是，在新媒体环境下，有太多优秀的人给我带来了积极的影响。其中不仅有歌手、演员这些大家经常会提到的明星，还有在其他各行各业的优秀从业者，所以小漫更喜欢称他们为"影响者"，这样一来，我的"追星手账"就变成了"影响者手账"。

　　也就是说，根据大家的个人情况，"星"这个字的范围是可以被无限放大的，不一定是大家经常提到的明星，只要是能够对我们产生积极影响的人，我们都可以按照"追星手账"的方式来做记录，去记下与他们一同进步的过程。

3.5 旅行手账

　　小漫是个很喜欢旅行的人，所以旅行手账本也是我背包里的"常客"。图中是我的第四个旅行手账本，与以往不同的是，这次我没有选择大家常用的TN 护照本，而是挑战了这个普通的横线硬抄本，因为它自带的做旧边框效果很有时光的味道，非常适合做旅行手账。

　　这里顺便提一句，前面介绍过本子的选择，虽然这次我用到了横线本，但它的内页线条比较浅，就像我说过的，这样的本子对后续拼贴的影响不会很大，所以有经验的手账 er 也是可以考虑入手的。

　　旅行手账的照片和票据一般会比较多，所以在小漫看来，合理安排它们的位置是做旅行手账特别需要注意的地方。

我的旅行手账一般分为三个主要步骤。

第一步，做旅行攻略。

在旅行前，我和很多人一样，都会去找一些攻略和科普内容来看，并且借助这些信息列出想去的地方，再根据它们相互之间的距离和交通便利程度把这些地点串联起来，分配到不同的日期。同时，我会在前期笔记中明确标识出已知的攻略信息，如景点营业时间、优惠政策和一些特色内容等。

上面这张就是我之前临时手绘的柏林旅行计划的一小部分截图，整张流程图大概用了二十多分钟，简单易上手，省时又有趣，旅行结束后还可以作为素材保存在手账本中，非常适合我们这种"小画渣"。

有人曾问过我，旅行不是很放松的事情吗？做那么详细的规划再去实行，是不是就失去旅行的意义了？

City Route

我们不妨尝试从另一个角度去理解旅行攻略的意义。真实的旅行过程当然不可能和笔记上的内容一样拘束在条条框框内，而且习惯了自由行的我也同样享受在旅途过程中拥有更多自由空间。做前期规划的目的是形成对一个城市的初印象，这就像是一份"保险"，可以给即将短期身处陌生环境中的自己提供一份保障，使自己不至于在旅途过程中茫然失措。

旅行过程中，我会先根据前期的规划确定路线，然后再根据实际情况做弹性调整。例如，我经常会在旅行的路上寻找当地的生活气息。

你是否有过这种经历：在寻找下一个景点的过程中，意外地转进一条迷人的小巷，偶遇一位有趣的街头艺人，帮一对恩爱的情侣拍张照片。我真的很享受这种计划外的小惊喜，比起知名建筑物，它们更能吸引我的目光。

第二步，拍照，收集票据和宣传册。

旅行的过程往往会比较累，所以回到酒店后我一般就没有充足的精力去补全天的手账了，这段时间是旅行手账素材的收集时间。

拍照时，我也会有意识地拍下一些想要安排进手账的照片。

第三步，整理票据和照片，记录手账。

这一步就是将记忆可视化的过程了。首先，小漫会根据时间线厘清整个旅行的流程，整理好想要放进手账的照片和票据。

然后，根据自己对这个城市或地区的理解去设计不同色调和风格的拼贴。例如，去巴黎旅行，我会做偏文艺和复古风格的拼贴，而柏林的旅行手账，我就喜欢用更加简洁和现代化的排版方式去做。在拼贴的过程中，我偶尔还会手绘一些图片或做几个简易小机关去装票据和当地的明信片，增加趣味性。

有时，做主题式拼贴相对更困难一些，因为既要保证拼贴的颜值，又要匹配文字内容。

小贴士：

① 除了上面提到的通用旅行手账本外，我个人还有在旅行中入手手账本的习惯。如果在当地能选到心仪的本子，能用这些带有当地特色的本子做旅行手账，会更有纪念意义。

② 出发前的行李清单也是可以记录在旅行手账内的，将它们分门别类地写清楚，这样在旅行中也方便随时寻找物品，非常适合频繁出行的朋友。

　　在这一章节的结束部分，再给大家分享几张我在旅行过程中收集到的神仙小素材吧。

　　它们来自不同展览和店铺，是随手就可以取到的素材，既适合做手账材料，又可以当作书桌上的装饰性卡片，如果你碰到了类似的高颜值卡片，一定不要错过了它们。

第4章
几个技巧，助力华丽排版

经过前面的分享，相信大家对主题式手账的排版方向已经有所了解了。这一章小漫就与大家分享一些手账进阶路上的通用小技巧，以及如何在日常生活中培养审美能力，找准自己的风格定位。

4.1 设置小机关

在手账里设置一些小机关，藏住自己的小秘密，是很多手账人喜欢做的事。大家的奇思妙想多，小机关的样式也越来越多，在这里就和大家分享三款最简单的小机关样式。

4.1.1 信封小机关

信封样式是比较简单的一种手账小机关，按照这个方法也可以制作大信封机关，存放一些票据。

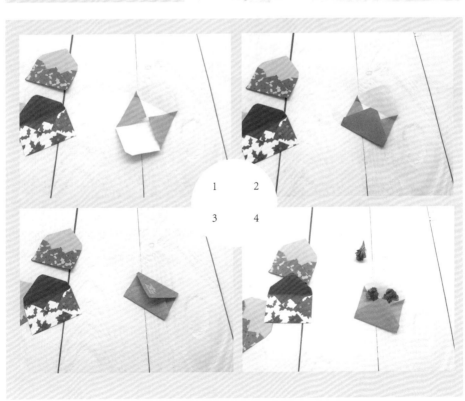

1　2

3　4

4.1.2 翻页小机关

这种翻页小机关相较上一种则更为简单。需要准备的材料是纸质比较好的素材纸，工具是笔刀或裁纸刀。在固定的位置用刻刀裁开纸张，只裁三面，即可完成这款小机关的制作，使用效果像翻动书本的内页一样。

在我的理解中，手账小机关是能让手账变得更有趣和立体的小创意，它可以锦上添花，但不是必需品，因此我更希望能用最少的时间完成小机关的设计。

4.1.3 插页小机关

左边这一款小机关也秉承着这个原则。这次我选择的素材是硫酸纸，其与普通纸张纸相比质感更好一些，更易保存。

图中的右上角就有一个硫酸纸小机关，我还在上面贴了可爱的绿植贴纸，是不是看起来更精致了一些？

平时要收纳小素材时，就像左图这样插进去就可以了。为了让大家能更直观地看出效果，我取了这张黄色卡纸做示例，大家平时最好按照卡片的尺寸做插页小机关。

4.2 培养审美能力

你或许会有这样的疑问：

市面上的素材那么多，为什么我不知道该怎么选？

拿着同样的素材，为什么别人就能做出让人眼前一亮的手账，而我却无从下手？

在这一节中，想和大家简单地聊聊"审美"。

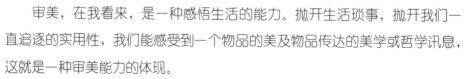

审美，在我看来，是一种感悟生活的能力。抛开生活琐事，抛开我们一直追逐的实用性，我们能感受到一个物品的美及物品传达的美学或哲学讯息，这就是一种审美能力的体现。

之前听过一句话：一切时髦的东西都会过时。

的确，时尚潮流是随时都在更替的，跟随潮流意味着我们永远只能是追逐者。即使我们中的大部分人并非从事设计类工作，但培养审美能力，形成自己的审美观，能提升我们的生活品质，这一点不止体现在手账方面。

那么，具体细化到手账领域，我们要如何更有针对性地提升审美能力呢？

1. 买几本纸质杂志

纸质杂志不仅可以当作手账素材来使用（前文提到过杂志素材的裁剪利用），还是提升审美能力的利器。

市面上大部分杂志的内页排版都可以被我们拿来借鉴和模仿。

2. 多看展览和经典电影

看展并不是为了让大家都去追逐时尚，而是借这个机会去学习更成熟的配色方案。

　　闲暇时，我们也可以多看一些时尚类的经典影片，了解影片画面的构图和配色方案，记着要把收获整理到观影手账中。

3. 多看手账博主的拼贴

　　大家可以在各个媒体平台上找一些自己喜欢的手账博主，多观察他们平时用到的素材，重点关注那些使用频率比较高的素材。

4. 多观察手账素材

　　大家不仅可以观察自己现有的素材，还可以在网络或是实体店上找到更多素材，多观察不同风格的材料和工具，尝试去思考它们可以有多少种使用方法或有趣的搭配，这也是提升审美的好方法。

掌握几种适合自己风格的字体

在掌握了一定的排版技能和审美能力后，就该寻找适合自己的字体了！

在手账中，一手好字能成为良好的助力工具，让整个页面的颜值加倍提升！

1. 可爱风常用字体

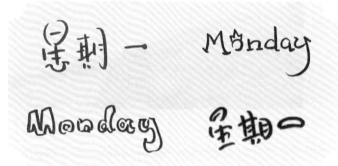

2. 复古风常用字体

花式字体在近几年非常流行，不仅适合复古风，也很适合简洁大方、走清新路线的排版。

这里依旧分享几个案例给大家，一起来感受一下文字在排版中的魅力。

上图的拼贴偏向于文艺清新的风格，因此选用了比较有文艺气息的字体，字体颜色与周围点缀的绿色圆贴相呼应，形成了一个完整的排版。

下面的排版是某年一月的分隔页，打底素材是一张带有雪花印花背景的素材纸，上面用了萌萌的字体写月份数字，并且手绘了灵动的红色爱心做呼应。

下图是小漫在日常手账中经常用到的一些词，在此分享给大家。

用 A4 纸将喜欢的字体打印下来，再用拷贝纸去做临摹，通过这种方法可以掌握更多字体的写法。

上图就是我用字体排版的一次实际应用，只需要书写一些简单的单词就可以撑起大半个页面，很适合做复古风格的排版。

 配色不宜过多

设计界经常说的一句话就是"不超过三种颜色"，在手账排版时同样可以作为参考。我日常做拼贴时，一般都不会超过三种主色调。在一种或两种主色调中，我往往会利用同色系素材自身纯度、明度等细节的变化，来更好地营造层次感。

其实，拼贴中涉及的主色过多，并不一定能增加趣味性和层次感，反而可能会使整个排版显得杂乱无序，失去重点。所以在排版时，我们要对颜色有所取舍。

黑色、白色、灰色属于无彩色，放心大胆地使用是没有问题的。

Color Rule

4.5 找准自己的风格定位

保持自我拼贴风格的统一，也是拥有一个漂亮的手账排版的基本原则。

在平时的排版过程中，我们一般不会在可爱的排版内放置大面积的复古元素，在复古风格的拼贴中也不会覆盖过多的小清新贴纸，这样能够降低排版失败的概率。

但是，"标准风格"真的那么重要吗？

在小漫的拼贴视频和照片下，经常会收到一些与"手账风格"有关的求助评论，我也一直在尽力传递给大家一个讯息，手账和其他很多兴趣爱好不同，它是很私人化的东西，"标准风格"真的没那么重要，但是，找到自己的风格很重要。

那么，如何寻找自己的风格定位呢?

1. 发现自己喜欢的手账博主

首先，我们还是可以从主要风格出发，去了解一下自己的审美需求。

我们可以在网络上找到很多手账博主上传的作品，根据对他们作品的喜爱程度，就可以很容易了解到自己喜欢哪种风格或含有哪些元素的手账排版。接下来就可以入手少量的同款或类似素材，为实践做好准备，同时也给自己找了一个"充分"的购物理由。

2. 在实践中检验这种风格是否适合自己

现在，就可以根据自己的喜好做尝试了!

　　经过一段时间的借鉴、模仿和实践后，你可以回顾前面这段时间的手账内容，然后问一问自己：这种风格是否可以完全贴合自己的写作习惯？

　　如果答案是"是"，那么恭喜你找到了适合自己的手账风格。

　　如果答案是"否"，那你就可以根据自己的实际情况再做调整，可以尝试整体换一种风格，也可以调整素材的选用和拼贴的位置，不必完全拘泥于"风格"二字，找到最适合自己的排版方式最重要。

4.6 尝试"混搭"元素

近几年大家很喜欢提到"混搭"这个词，好的"混搭"实践往往是个性化的且符合大部分人的审美需求的，这能给搭配者带来十足的成就感。

也许是受这股风潮的影响，在做手账拼贴时，很多经验丰富的手账 er 也喜欢将不同风格的元素"混搭"在一起。

小漫同样非常推荐大家在积攒了一定的排版经验后进行混搭尝试，这样可以顺便考察一下自己的审美能力！

圆贴、基础款胶带都是很好的装饰点缀性素材，很适合小面积使用。但是要注意颜色的挑选，尽量不要选择过于跳脱、张扬的颜色。

建议大家在进行"混搭"初尝试时，注意把握一个主体风格。在这个主风格的基础上，"混搭"其他风格的小细节和小元素，这样的尝试可以大大降低"踩雷"风险，也容易制造出意料之外的惊喜效果。

Mix Style

4.7 了解素材特质

这里的材质属性不是特指某单一素材的材质，而是囊括了各种素材的材质属性和样式特色。和选本子一样，在做拼贴前，对素材的材质、印刷工艺、样式等内容有所了解，可以帮助我们更合理地规划素材的位置。小漫用前面提到的胶带和贴纸来举个例子。

　　从工艺角度看，白墨和烫金、烫银工艺都是很多人所钟爱的。白墨的胶带图案可以看到底色，不会使图案太透过页面，所以即使不做额外的背景打底也是没有问题的。

　　而烫金、烫银的素材则可以呈现出炫目的金属感，小漫也入手了一些分装素材，不建议入手太多，因为它更适合用作点缀素材，属于那种可以瞬间加分的材料。

　　从材质上看，大家常用的和纸胶带很适合反复粘贴，黏性好又不易留下余胶，是手账新手的优质选择，但时间长了颜色易发黄。

PET材质①的胶带和贴纸完成的排版往往更加干净和美观，颜色不易变，但价格略贵，且在拍照和录制视频时容易出现反光的情况，操作起来相较和纸胶带也会更困难一点儿。

很多看过我手账视频的朋友也和我提到，发现我每次用 PET 素材做拼贴时，整个排版都呈现出更强的真实感，这应该也算是 PET 素材的一个优势吧。

因此，在拼贴过程中，我们还应该多注意细节的修剪处理，细节处理得不好，很容易使页面显得杂乱不干净，或者因为素材材质的原因出现反光等问题，就像左边两张图一样。

---

① PET 素材后面带有透明离型纸，素材颜色往往比较鲜艳，显色度更好，同时在拼贴时的遮盖力也相对强一些。

左图中的植物就是 PET 材质的素材，逼真度很高。

最基础的图案样式中，英文胶带和做旧的动植物素材都是小漫常用的图案样式，"百搭"而且选择空间大。

在做有一点儿复古味道的排版时，便笺纸、牛皮纸、印章、英文胶带、火漆等都已经成为我的排版神器。

　　以上只是用一些常见的素材属性给大家提供一些参考，在网络上，每隔一段时间就会有人来问小漫："你能不能告诉我怎么做手账？"他们希望能直接掌握到精华内容。

　　其实我只需要回复"买胶带和贴纸就可以了"，但胶带也有 PET 和纸、文字、宽条、古风等区别，使用效果千差万别。正是材质、样式、工艺等属性的不同造就了素材的千变万化，无论是这些专用素材，还是从生活中发现的小素材，都遵循这一规律，很难用有限的文字加以概述。

　　所以，无论是哪一个领域，无论这个圈子多大，或多冷门，都是需要我们慢慢去探索和实践的。我们可以慢慢去摸索，感受每一个美好的小事物，它的工艺、触感，以及它想表达的内容。

Tape Story

　　每一款素材的存在都有它的价值，每一种排版技巧也适用于不同的人群，即使大家都拿着同样的素材，也很难做出完全相同的手账。

　　技巧是有边界性的，而手账人的想象力却可以是无限的。适合自己的素材和拼贴技巧都可以在个人实践中被摸索出来，而个人风格化的手账也正是在这样的磨合中形成的。

　　我相信，有了兴趣的支撑，想做出好的手账，并不是什么难事，反倒是乐事一桩。以小观大，手账是这样的，人生也是这样的。

　　内容进行到了这里，不知道大家对手账、对排版有了多少了解。其实以上内容只是想传递一个非常重要的词语——"实操"。接下来就拿出本子和我一起走进手账"直播"间，实际操作起来吧。

第 5 章
今天，我是如何做手账的

Journal Plog

通过前面的阅读，我们已经掌握了很多技巧和灵感，现在就是实践的时候了。

在这一章中，小漫会把自己日常做手账的流程及所思所想一一分享出来，以提供更直接的参考。

5.1 日常排版的流程

① 随意取出一张今天想用的主图，看一下它的关键词：饱和度比较低、和纸材质、半透明、黄色、有故事性。

② 思考过程：它是否需要一个额外的打底背景？

③ 找一幅黄色的背景打底图，这张就不错，有呼应的颜色。

④ 两个主体图已经拼贴完，这时就不太适合继续叠加大的主体素材了，不然有可能会让画面失去主题，显得散乱。

接下来看是否需要点缀素材，左边好像有点儿空。

⑤ 现在小漫想要针对左边的背景图层做一些装饰，所以可以选择一些邻近风格（文艺、复古）的素材做点缀。这种大的植物素材就是不错的选择，颜色可以搭配上，半透明的质地也不会使图案太突兀。

⑥ 在这个位置加植物素材的原因还有一个，就是利用植物图案来衔接左右两图，使这两张图过渡得更加自然。

最后小漫还在右下角贴了同色系圆贴，原因是发现人物图右边的颜色与背景几乎融合到了一起，为了让人物图片呈现凸出的效果，就在颜色融合处加了一个绝对安全的圆贴。经过这些流程后，一个完整的拼贴就完成了（如果不喜欢植物的半透明边框，去掉也可以，我很喜欢这种小白边，所以就保留了）。一般情况下，做这种简约风的拼贴，从构思到实践大概十几分钟就足够了，大家可以多做这样的流程练习，熟能生巧。

⑦ 排版部分完成后，就到了最重要的正文部分了。在文字方面，可以考虑用同色系或黑、白、灰这样的"百搭色"书写，字体方面可以选择文艺、复古的。

5.2 **基础款素材怎么用——胶带篇**

① 首先照例观察一下素材的关键词：饱和度偏低、小清新、彩色。

② 既然是比较宽条的胶带，那就用来做小背景。首先把胶带裁成合适的宽度，然后做一个百搭的对比线构图！

③ 就像我前面提到过的，在背景打底图上，选一些风格相近的主图，去讲述一个故事或是营造一种画面感，会更有趣。

④ 除了这种用法外，基础款胶带还有很多拼贴的可能性，在这里分享一些常用的小"套路"给大家!

▶ 对于基础纯色、格子、线条素材：宽条素材做背景打底；细条胶带做边框、叠加做背景打底。

▶ 对于基础文字素材：做边框（通常为较小尺寸的文字）、做点缀性素材、多层叠加做背景打底。

▶ 对于"出血线"素材：做边框、交叉叠加做背景打底。

5.3 基础款素材怎么用——便笺篇一

　　这一节分享的两个拼贴都用了下面这种纯色便笺纸，实践再一次证明，纯色的背景素材是非常"百搭"且实用的。下面就来看看小漫是怎样利用便笺纸完成这两个排版的。

　　① 取出素材纸后有两种选择，即分割和直接用。第一种拼贴小漫就把它裁成了不对等的一些矩形背景图，随意贴在不同的位置。

　　② 依据便签特性去选择适当的素材，这次选了之前做拼贴剩下的边角料，一些不完整的单张植物贴纸。

在排版的过程中，应随时留意风格、色彩、形状的统一和协调。如果做排版时选择的都是比较散碎的素材（像图中这样），没有明确的主体素材，就需要重点关注排版的整齐度。

③ 植物贴纸的边角料用完后，小漫又撕了一块方格纸垫在了其中一张便签下面，制造层次感。紧接着需要再选一些能呼应植物边角料的素材，我找到了牛角包和植物的印章，以及百搭黑色的文字贴纸。

④ 这一步依旧是细节的点缀，这次我选了同样低饱和度的藕荷色圆形封口贴，借助圆贴制造出规整的边框效果。

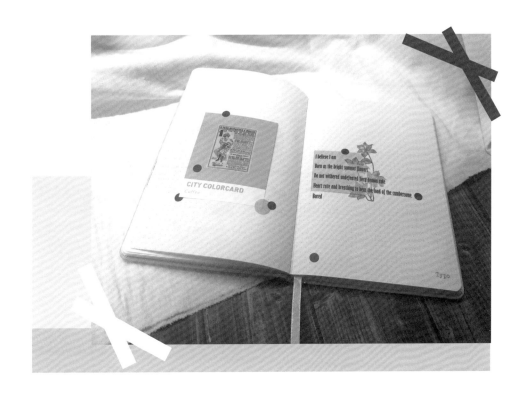

⑤ 尝试分解便笺纸后，小漫又尝试了直接用完整的便笺纸做排版，效果也是很好的。就像上图，又是一个利用同色系搭配原则完成的排版。首先，以蓝色便笺纸做背景打底。

⑥ 接着，根据便签纸上自带文字的字体，寻找有类似字体的素材以作呼应。如果找不到邻近素材，直接模仿这种字体的写法，在硫酸纸上写一些语段自制素材也可以，毕竟这种比较规范、机械化的字体很容易模仿，花体字会难操作一些。

⑦ 因为右边的文字素材是黑色的，所以为了搭配，我在左边的便签纸上也贴了黑色文字海报的素材，这样一来，两个页面就更协调地搭配在一起了。最后，找一些同色系的圆形封口贴做细节搭配，提升层次感和趣味性。这样，一个完整的拼贴就完成了。

Decorate

5.4 基础款素材怎么用——便笺篇二

除了前面分享的两个纯色素材纸拼贴外，还有很多其他风格的便笺纸也是日常排版的常用道具，例如右边的小边框便笺纸。

它不仅可以被整张用来做素材的叠加，制造复古感，也可以撕开做边框使用，开放的边框可以提升排版的透气感。

① 把便签按照对角线的方向撕开（随手撕就可以，制造随性的效果），上面叠一层同样看起来很随性的家居贴纸。

② 加一些文艺调的贴纸和文字胶带，一个比较文艺风的排版就完成了！

5.5 拼贴出错毁本子怎么办？一个小经验全解决

① 没灵感怎么办？先随手抓出一些素材，一起来摆一摆。按照大图配小图的方式，多做一些搭配。

② 例如图中的这些，我经常会做这样的素材摆放练习，以迅速获得很多灵感！推荐经常缺灵感的手账人多多做这样的尝试，这有助于快速找到新的排版方案。

③ 为了避免出现拼贴效果不如预期的情况，小漫将拼贴直接做在了素材上（类似于贴手账小卡的形式）。这次取的主素材是具有强烈复古风格的小卡片，然后我随手撕了一片方格纸，用任意一款印章在上面印一些杂乱的图案，制造复古的效果。

Back-to-ancients

④ 把印好图案的方格纸贴在小卡片上，然后我开始找同色系素材，发现了一张酒店海报样式的小素材纸，将其叠加在方格纸上，制造层次感。

⑤ 这些图案的形状都比较板正，所以我又加了绝对不会出错的月历数字帖，加了一点儿柔和的感觉。这样的一个素材框架就贴好了，可以直接贴在手账中用作排版，还可以针对文字内容叠加个性化素材。依照这种方式可以做很多这样的拼贴框架。掌握了这种方法，就不用再担心拼贴过程中出错，毁本子了。

⑥ 在第二个尝试中，小漫又取了一张干净的便签。

Deconstruction

⑦ 这次想做更简约、百搭一些的拼贴。首先，我开始寻找手边能填充进便签的素材，看看这款 PET 文字胶带如何？干净整洁，文字部分是电影台词。

⑧ 看看这张图，效果是不是还不错？如果想要小的装饰性卡片或是极简风的拼贴素材，这样就已经完成了。

我还想探索更多的可能性，所以又继续做了素材的叠加。

⑨ 做素材叠加时，很常见的一个套路就是制造素材材质和触感的差异性，所以我在便签的后面粘了一片洋葱纸。洋葱纸是一款类似牛皮纸的百搭素材纸，纸张一面是粗糙的，另一面是光滑的，具有双重质感，非常适合用在复古风格的拼贴中。

⑩ 主体拼贴结束后，就进入观察环节了，我发现衔接处看起来不是很美观，这时小的装饰性素材就可以用上了。

例如这个植物贴纸，和洋葱纸搭配起来很有复古感，和上层的便签放在一起也不会觉得违和，那么它就可以作为衔接素材来使用。

⑪ 还有一个判定排版成功的方法，就是把它置入手账内页中（摆一摆，不要随手粘上去），达到预期效果就可以了。

　　这样实践下去可以迅速提高拼贴水平，需要排版时也可以随时用这些自制的拼贴素材，既方便又不用担心排版会出错，非常适合喜欢定页本又担心拼贴出错的朋友。

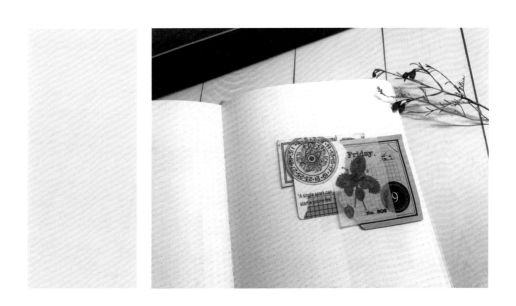

(5.6) 分隔页怎么贴

① 抽出一张便签，和小漫一起观察一下：粉色、四格。盐系、轻复古、可爱风都可以用到它。

Separator page

② 便签有点儿大，先把它分解一下，看看有没有更多灵感。分解后，看起来合适些了，就用中间部分。

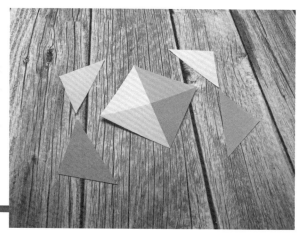

③ 以这个背景图作底，寻找一些能够营造出文艺效果的素材。

植物类素材的使用小贴士：

单条、细枝的植物往往适合在盐系、轻复古风格中做点缀；

成簇、颜色浓重的植物素材非常适合纯复古类拼贴；

手绘简笔画的植物素材在萌系、可爱风的排版中可以发挥出最大效果。

④ 加了细枝植物的页面果然偏文艺调了，但是似乎还缺了些什么，可以再加一些文字强化一下风格。

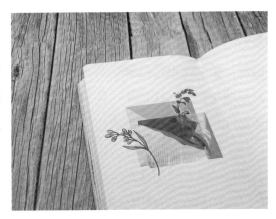

Pink Lady

加上合适的文字后，这次分隔页的拼贴就完成了。

分隔页面一般都不需要大量文字，所以我经常会在页面中间的位置做拼贴。

如果拼贴中的素材图集中在同一个位置，那么在进行位置布局时就可以分成两种主要路线：第一种是把素材放在四个角落，做正常的文字内页用；第二种是把素材放在页面中间或中上部位，除了可以做正常的文字内页外，还很适合做分隔页或封面页。

下面就和大家分享几个小漫的实践图。

主图

最佳点缀区（环绕主图）

一本书，总要有结尾的篇章，

但相信这将是更多朋友与手账的开始。

…… ……

和我一起"慢"下来吧，

从每天抽出半个小时开始，

坐在桌前，打开手账，

听一听时钟走动的滴嗒声，

好好享受一下时间停格的美好。